BEI GRIN MACHT SICH IHR WISSEN BEZAHLT

- Wir veröffentlichen Ihre Hausarbeit, Bachelor- und Masterarbeit

- Ihr eigenes eBook und Buch - weltweit in allen wichtigen Shops

- Verdienen Sie an jedem Verkauf

Jetzt bei www.GRIN.com hochladen und kostenlos publizieren

Nils Christians

Arles - Von einer römischen Veteranensiedlung zur obersten Behörde des Römischen Westreiches

GRIN Verlag

Bibliografische Information der Deutschen Nationalbibliothek:

Die Deutsche Bibliothek verzeichnet diese Publikation in der Deutschen National-
bibliografie; detaillierte bibliografische Daten sind im Internet über http://dnb.d-
nb.de/ abrufbar.

Impressum:

Copyright © 2008 GRIN Verlag GmbH
Druck und Bindung: Books on Demand GmbH, Norderstedt Germany
ISBN: 978-3-640-20743-5

Dieses Buch bei GRIN:

http://www.grin.com/de/e-book/117752/arles-von-einer-roemischen-veteranensied-
lung-zur-obersten-behoerde-des

Universität zu Köln

Geographisches Institut

Südfrankreich-Exkursion 2008

Leitung: Herr Hegner

Arles

**Von einer römischen Veteranensiedlung
zur
obersten Behörde des Römischen Westreiches**

Hausarbeit

Von: Nils Christians

Inhaltsverzeichnis

1. Einleitung

„Die Frauen sind sehr schön hier. Das ist kein Schwindel. Hingegen ist das Museum von Arles schauderhaft und ein Schwindel. Es gibt auch ein Museum mit Altertümern. Die sind echt. [...] Dreckig ist diese Stadt mit ihren alten Strassen. [...] Das ändert nichts daran, dass es schön ist, sehr schön." So schreibt 1888 Vincent van Gogh aus Arles in einem Brief an seinen Bruder Theo.

Arles ist eine Arrondissement-Hauptstadt im französischen Departement Bouches-du-Rhône links der Rhône, 24 km vom Meer entfernt. Zu Arles gehört das Gebiet der gesamten Camargue. Arles ist deshalb mit ca. 760 km² flächenmäßig die größte Gemeinde Frankreichs. (FEESS 2003: 42 f.) Die Stadt liegt auf einem Hügel (Colline de Moleyrès) inmitten einer ehemals sumpfigen Gegend, was der Name schon sagt. Er stammt nämlich von dem keltischen Wort „arlaih", das soviel heißt, wie auf feuchtem Boden gebaut (ar = darauf, oben und laih = feucht) (STÜBINGER 1909: 6).

Die momentane Einwohnerzahl beläuft sich nur auf etwa 52.000. Dennoch hat Arles eine bedeutende über 2000 Jahre alte Stadtgeschichte zu verzeichnen, die sich noch heute in zahlreichen Bauten der Antike und des Mittelalters widerspiegelt.

2. Das vorrömische Arles

Der Ursprung von Arles ist nicht ganz eindeutig, da sich die Quellen widersprechen.

Etwa 1000 vor Christus begannen die Einwanderungen der Ligurer in das Gebiet der Provence. Später wanderten auch Kelten ein. Die daraus entstandene Bevölkerung nennt man auch kelto-ligurisch. Um 1500 v. Chr. sollen sich laut STÜBINGER (1909) schon Phönizier im späteren Arles niedergelassen haben. Andere Quellen sprechen eher vom 6.-7. Jh. v. Chr. (WENDT 1963; COLLINS 2007). Gewiss ist jedenfalls, dass um 600 v. Chr. ionische Griechen aus Phokäa im Rahmen der griechischen Kolonisation, die die Griechen zuvor schon an die Küsten Kleinasiens, Süditaliens und Siziliens führte, Massalia - das heutige Marseille gründeten. Kurze Zeit später entstand als wichtiger Filialplatz für Massalia die Kolonie Theline (späteres Arles) (STÜBINGER 1909: 10; PLETSCH 1997: 119).

535 v. Chr. wurde Theline von den Saluviern, einem kelto-ligurischem Stamm zerstört und als Stadt „Arelate" neu aufgebaut (COLLINS 2007). Welche Beziehungen nun zur Stadt Massalia bestanden, ist nicht ganz klar. In einigen Quellen wird vom Handel mit den Griechen gesprochen.

In den zwanziger Jahren des 2. Jh. v. Chr. wurde von Domitius Ahenoborbus die Provinz Gallia Narbonensis (spätere Provence) gegründet. Dort ließen sich zunehmend mehr Römer in den alten Handelskontoren nieder oder lebten in losen Siedlungsverbänden neben den keltischen und hellenisierten Ureinwohnern (VON GLADISS 1972: 18 f.). Die Einfälle der germanischen Kimbrer und Teutonen zwangen Konsul Gaius Marius, seine afrikanischen Legionen in die Camargue zu verlegen und dort, bis es zu den Kämpfen mit den Eindringligen kam, seine Soldaten sinnvoll mit dem Bau eines Kanals, der Arles mit dem Meer verbindet, zu beschäftigen. Dieser 104 v. Chr. namens „Fossa Mariana" entstandene Kanal machte Arelate zu einer Seehandelsstadt, die bald mit Massalia konkurrierte. Während Cäsar von 58 bis 51 v. Chr. in Gallien Krieg führte, hatte er gute Beziehungen zu Massilia, das allerdings immer mehr isoliert wurde. Als man sich aber auf die Seite des Feindes Pompejus schlug, griff er sie an. Dazu ließ er in Arelate innerhalb der Rekordzeit von 30 Tagen zwölf zusätzliche zu seinen siebzehn Schiffen bauen, womit er 49 v. Chr. Massalia eroberte und es in Massilia umbenannte (TETZLAFF 1985: 64 f.).

3. Eroberung und Ausbau des römischen Arles

Im Auftrage Cäsars nahm Tiberius Nero die (Neu)Gründung der Kolonie Arelate vor, indem er zunächst gegenüber der gallogriechischen Stadt auf dem rechten Rhôneufer, das heutige Trinquetaille, Veteranen der VI. Legion ansiedelte, die zuvor mit Cäsar in Gallien gekämpft hatten (VON GLADISS 1972: 19). Das nun genannte Colonia Iulia Paterna Arelate Sextanorum wurde systematisch auf Kosten von Massilia vergrößert. Arelate blühte auf und Massilia verlor an Bedeutung. Cäsar verfolgte zu dieser Zeit eine planmäßige Kolonisationspolitik, um die Einwohner Roms von 320.000 auf 150.000 zu reduzieren und schuf daher 30 neue Kolonien, in denen er Siedlungsmöglichkeiten und Existenzen für über 80.000 Veteranen und Bürger ermöglichte (CHRIST 2000: 361, 400).

4. Blütezeit

Arles gewann seine Bedeutung als Straßenknotenpunkt der römischen Straßen (via Dominatia ab Arelate Nemausum, via Aurelia ab Arelate Avenionem et Lugudunum, via Aurelia ab Arelate Mediolanum per Alpes Cottias und die via Aurelia ab Arelate AquasSextias). Damit war Arelate wichtiger Verbindungspunkt zwischen Spanien und Italien (STÜBINGER 1909: 244). Die Via Agrippa verband Arles durch das Rhônetal mit dem Norden. Alle Schiffe, die von der Rhône aus ins Mittelmeer wollten oder umgekehrt, mussten durch den „Fossa Mariana" Arles passieren (WENDT 1963). Diese Grafik (1) zeigt die günstige Verkehrslage seit dem 1. Jh.:

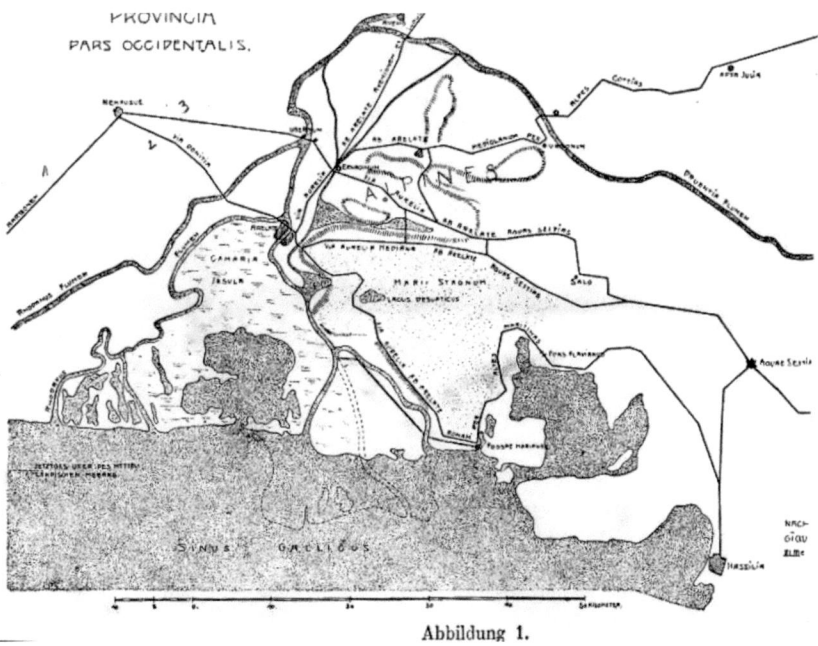

Abbildung 1.

In der Folgezeit begünstigte Kaiser Augustus den Ausbau der Stadt.

Konstantin der Große (306-337 regiert) verlegt 306 n. Chr. seine Residenz nach Arelate und macht es somit zur zweiten Hauptstadt des römischen Reiches (STÜBINGER 1909: 11)

Mit der Epoche der Christianisierung des römischen Imperiums unter Konstantins Herrschaft konnte Arles seine Bedeutung noch vergrößern. Im 3. Jh. missionierte der Apostelschüler St. Trophimus die Provence. Arles wurde Erzbischofsitz, außerdem mit der Gründung von Konstantinopel als neuer Hauptstadt des Imperiums im Jahre 329 zweite Hauptstadt des Reiches für Gallien (England, Frankreich und Spanien) (WENDT 1963).

Arles unter der Herrschaft Konstantins (Grafik 2):

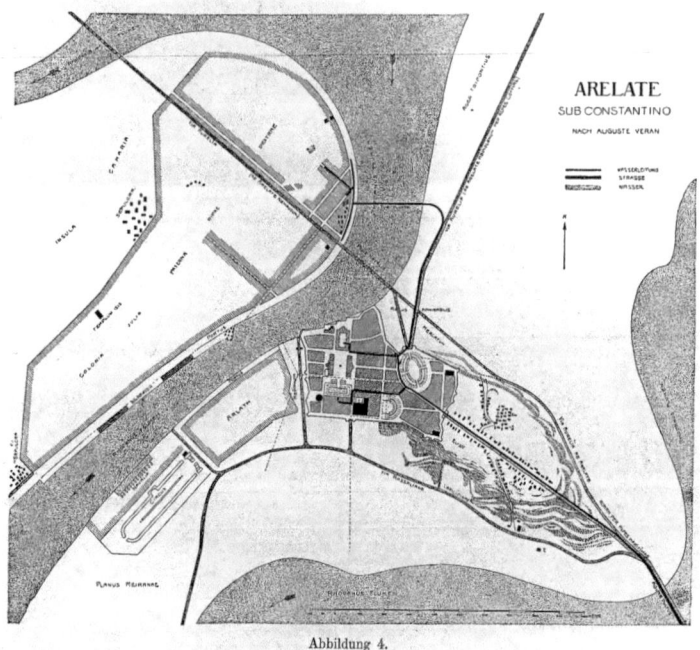

Abbildung 4.

Die Einwohnerzahl verdeutlicht diese positive Entwicklung der Stadt:

Jahrhundert	1.	2.	3.	4.	5.	6.	19.	20
Einwohner in Tsd.	15	25	30	50	90	100	14	50

(SIEBURG 1975: 16)

5. Niedergang der römischen Herrschaft

Nach der Zeit Konstantins litt das römische Reich unter Barbareneinfällen und Bürgerkriegen. Daraus folgten wirtschaftliche Probleme für das Reich, die besonders stark in Gallien auftraten. Inflationen und depressive wirtschaftliche Trends waren die Folge (TETZLAFF 1985: 109).

Nach fast 600 Jahren als römischer Provinz wurde das Land 470-477 von den germanischen Westgoten erobert. Nachdem die Franken die Westgoten in der Schlacht von Vouillé geschlagen hatten, übernahmen die Ostgoten 507 die Provinz. 536 dann, nachdem die Franken auch die Burgunder unterworfen hatten, wurde das Land für 320 Jahre fränkisch. Das Königreich Arelat wurde 879 vom Grafen Boso von Vienne, Schwager Karls des Kahlen, begründet, indem die auf dem Reichstag zu Mantaille versammelten Bischöfe ihn zum König

5

wählten. Die Hauptstadt wurde Arles. Der nördliche Teil sonderte sich jedoch schon 889 unter Graf Rudolf als ein besonderes Königreich Hochburgund (oder Transjuranien) ab, bis 930 sein Sohn Rudolf II. wieder beide Reiche vereinigte. Der kinderlose Rudolf III. (gest. 1032) setzte Kaiser Heinrich II. zum Erben ein, und dessen Nachfolger Konrad II. führte seine Ansprüche 1033 mit den Waffen durch. Seit dieser Zeit gehörte das Königreich Arelate, das damals alles Land zwischen Reuß, Rhein, Saöne, Rhône (bei Lyon und Viviers kleine Gebiete jenseits der Rhone), Mittelmeer und Alpen umfasste, zum Deutschen Reich (Brockhaus´ Konversationslexikon). Seit 933 stand die Stadt Arles unter der Herrschaft des Erzbischofs, wurde 1220 unabhängig von ihm und 1237 für nur zwei Jahre Reichsstadt. 1251 unterwarf sich die Stadt Karl von Anjou. Nachdem die Region unter der Herrschaft des Hauses Anjou gestanden hatte (1245-1482), ging sie in den Herrschaftsbereich von König Ludwig XI. von Frankreich über, und 1486 wurde sie dem französischen Königreich angegliedert. Bis zur Französischen Revolution 1789 war die Provence eine Provinz Frankreichs; danach wurde sie in mehrere Departements geteilt. (Lexikon des Mittelalters: Band I, Spalte 916) (FRIEDRICHS 1988: 163 ff.).

6. Bedeutende Römische Bauwerke in Arles

Seit 1981 sind alle römischen und romanischen Bauten durch die UNESCO in das Weltkulturerbe aufgenommen worden. Außerdem wurde Arles als Stadt der Kultur und Geschichte im Netzwerk der Allianz der Europäischen Kulturstädte (AVEC) integriert. Die besondere Stellung Arles´ in der Antike spiegelt sich in einigen bedeutenden, teilweise erhaltenen Bauwerken wider:

Amphitheater/Arena: Heute wird es nur noch, wie schon unter Kaiser Augustus, für Stierkämpfe genutzt. Früher fanden dort auch Gladiatoren- und Tierkämpfe statt. „Die Spiele waren nicht frei von religiöser Bedeutung." Bei einer Größe von 136 mal 107 Metern fasst das Amphitheater ca. 25.000 Besucher. Für den Bau hat man den Hang einer Felsnase innerhalb des Stadtgebietes benutzt und erreichte damit, dass es wie in einigen Städten Italiens über seine Umgebung hinausragte und somit zum Wahrzeichen der antiken Stadt wurde (TETZLAFF 1985: 74).

Antikes Theater: Das römische Theater war dem antiken griechischen nachgebildet. Es war allerdings mit sehr prunkvollen Bühnenbild ausgestattet und hatte sogar eine Zeltdachbespannung, die als Sonnen- und Regenschutz über die Bühne gespannt werden konnte (TETZLAFF 1985: 73).

<u>Thermen:</u> Arles hatte zwei Thermen. Dort wurde über Hypokausten, in den sich die heiße Luft verteilte, der Boden erwärmt. Das Wasser wurde über ein Aquädukt in die Thermen geleitet, dort in Zisternen gesammelt, und dann über ein Kanalsystem verteilt. Die Thermen dienten der Freizeitgestaltung und Entspannung (HERTWECK 2007).

<u>Brücke:</u> In Arles gab es neben einer Fähre auch eine Schiffsbrücke über den Fluss, die der jeweiligen Höhe des Wasserstandes angepasst werden konnte. Die Uferanschlüsse sind heute noch vorhanden (TETZLAFF 1985: 67).

<u>Alyscamps:</u> Ihren Namen tragen die Alyscamps von den lateinischen *Allissii campi*, den Elyseischen Feldern, auf denen nach der römischen Mythologie die Helden ins Reich des Todes geführt wurden. In der griechischen Mythologie war das Elysium das Reich der Seligen gewesen.

Das bereits in der Antike angelegte Gräberfeld an der Via Aurelia vor den Toren der Stadt gewann seit dem 5. nachchristlichen Jahrhundert Bedeutung, als sich der Kult des Heiligen Genesius verbreitete (Badische Heimat/Landeskunde online: 2005).

<u>Aquädukte:</u> Zwei um Christi gebaute Wasserleitungen für etwa 80.000 Bewohner. Sie beförderten 13.000 cbm pro Tag, d.h. 230 l pro Kopf von den nahen Alpilles. (STÜBINGER 1909:15).

<u>Zirkus:</u> Er wurde für Pferde- und Wagenrennen genutzt und lag leicht außerhalb der Stadt. Ein 15 m hoher Obelisk diente als Wendemarke und steht heute auf dem Place de la République im Zentrum von Arles. Heute ist der Zirkus komplett verschwunden. Er soll 95 mal 366 m groß gewesen sein (TETZLAFF 1985: 71f.).

Diese Grafik (3) zeigt die Lage der römischen Bauwerke:

Arles (Arelate), die römische Stadtanlage 1 Theater 2 Arena 3 Thermen 4 Kryptoportikus
5 Circus 6 Alte Burg 7 Neue Burg 8 Pontonbrücke

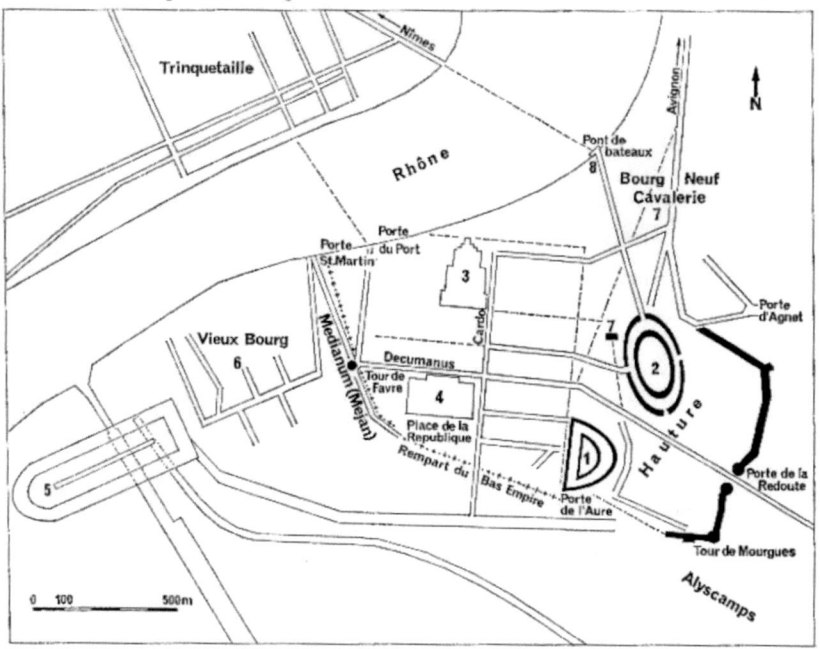

7. Literaturverzeichnis

BRETSCHER-GISIGER, C., MARQUIS, B., MEIER T. (2003): Lexikon des Mittelalters. Aachen bis Bettelordenskirchen: Band I, Spalte 916.- München.

CHRIST, K. (2000): Krise und Untergang der römischen Republik.- Darmstadt[4].

COLLINS, R. (2007): Arles. Towns and Villages – by Provence Beyond. Online: http://64.233.183.104/search?q=cache:c3JmorVRq4AJ:www. beyond.fr/villages/arles.html+theline+arles&hl=de&ct=clnk&cd=14&gl=de

FEESS, S. (2001): Provence.-München.

FRIEDRICHS, H. J. (Hrsg.) (1988): Weltgeschichte – eine Chronik.- München, Köln.

HERTWECK, F. (2007): Arles. Die römischen und romanischen Denkmäler.- In: SWR. Schätze der Welt – Erbe der Menschheit.
Online: http://www.schaetze-der-welt.de/denkmal.php?id=124

PLETSCH, A. (1997): Frankreich. Wissenschaftliche Länderkunde.-Darmstadt.

SIEBURG, O. (1975): Geschichte Frankreichs.- Stuttgart.

STÜBINGER, O.(1909): Die römischen Wasserleitungen von Nîmes und Arles.- In: HIRSCH, F.(Hrsg.): Zeitschrift für Geschichte der Architektur, (3).

TETZLAFF, I. (1985): Vorzeit und Antike, Mittelalter und Neuzeit. Drei Jahrtausende Provence.-Köln.

VAN GOGH, V. (1888-1890): Briefe an seinen Bruder aus Arles, Saint-Rémy und Auvers.-Basel.

VON GLADISS, A. (1972): Der ́Arc du Rhône ́ von Arles.- In : Mitteilungen des Deutschen Archäologischen Instituts. Römische Abteilung. Rom: 17-87.

WENDT, K. (1963): Arles.- In: Exkursion des geographischen Instituts der Universität Köln nach Frankreich vom 4.-24. September 1963.

Badische Heimat/Landeskunde (2005): Arles, die Alyscamps. Online: http://www.zum.de/Faecher/G/BW/Landeskunde/w3/provence/arles/texte/alyscamps.htm

Brockhaus' Konversationslexikon. F. A. Brockhaus in Leipzig, Berlin und Wien, 14 Auflage, 1894-1896. Band 50 von A bis Astrabad. Seite 846: Arecibo bis Arenberg.

Grafik 1 und 2 aus:
STÜBINGER, O.(1909), Seiten 244 und 251

Grafik 3 aus:
TETZLAFF, I. (1985), Seite 70